쓰고 그
아지는

톡톡 창의력 미로 찾기

4-6세
만 3-5세

창의수학연구소 지음

KB 한빛에듀

창의수학연구소는

창의수학연구소를 이끌고 있는 장동수 소장은 국내 최초의 창의력 교재인 [창의력 해법수학]과

영재교육의 새 지평을 연 천재교육 [로드맵 영재수학] 등 250여 권이 넘는 수학 교재를 집필했습니다.

수학은 일반적으로 머리가 좋아야 잘 할 수 있다고 알려져 있지만 연구 결과에 따르면

후천적인 환경의 영향을 많이 받는다고 합니다. 창의수학연구소는 오늘도 우리 아이들이 어떻게

수학에 재미를 붙이고 창의력을 키워나갈 수 있게 할 것인지를 고민하며,

좋은 책과 더 나은 학습 환경을 만들기 위해 노력합니다.

쓰고 그리고 찾으면서 머리가 좋아지는

톡톡 창의력 미로 찾기 4-6세(만3-5세)

초판 1쇄 발행 2016년 4월 15일
초판 12쇄 발행 2022년 4월 25일

지은이 창의수학연구소 **펴낸이** 김태헌
총괄 임규근 **책임편집** 김혜선 **기획** 전정아 **진행** 오주현
디자인 천승훈
영업 문윤식, 조유미 **마케팅** 신우섭, 손희정, 박수미 **제작** 박성우, 김정우
펴낸곳 한빛에듀 **주소** 서울시 서대문구 연희로2길 62 한빛미디어(주) 실용출판부
전화 02-336-7129 **팩스** 02-325-6300
등록 2015년 11월 24일 제2015-000351호 **ISBN** 978-89-6848-449-0 64410

이 책에 대한 의견이나 오탈자 및 잘못된 내용에 대한 수정 정보는 한빛에듀의 홈페이지나 아래 이메일로
알려주십시오. 잘못된 책은 구입하신 서점에서 교환해 드립니다. 책값은 뒤표지에 표시되어 있습니다.

한빛에듀 홈페이지 edu.hanbit.co.kr **이메일** edu@hanbit.co.kr

지금 하지 않으면 할 수 없는 일이 있습니다.
책으로 펴내고 싶은 아이디어나 원고를 메일(**writer@hanbit.co.kr**)로 보내주세요.
한빛미디어(주)는 여러분의 소중한 경험과 지식을 기다리고 있습니다.

사용연령 3세 이상 **제조국** 대한민국
사용상 주의사항 책종이가 날카로우니 베이지 않도록 주의하세요.

부모님,
이렇게 도와 주세요!

❶ 우리 아이, 창의력 활동이 처음이라면!

아이가 창의력 활동이 처음이더라도 우리 아이가 잘 할 수 있을까 하고 걱정할 필요는 없습니다. 중요한 것은 어느 나이에 시작하느냐가 아니라 아이가 재미있게 창의력 활동을 시작하는 것입니다. 따라서 아이가 흥미를 보인다면 어느 나이에 시작하든 상관없습니다.

❷ 큰소리로 읽고, 쓰고 그릴 수 있도록 해 주세요

큰소리로 읽다 보면 자신감이 생깁니다. 자신감이 생기면 쓰고 그리는 활동도 더욱 즐겁고 재미있습니다. 각각의 페이지에는 우리 아이에게 친근한 사물 그림과 이름도 함께 있습니다. 그냥 눈으로만 보고 넘어가지 말고 아이랑 함께 크게 읽어보세요. 처음에는 부모님이 먼저 읽은 후 아이가 따라 읽게 합니다. 나중에는 아이가 먼저 읽게 한 후 부모님도 동의하듯 따라 읽어 주세요. 그러면 아이의 성취감은 더욱 높아지고 한글 쓰기 활동이 놀이처럼 재미있어집니다.

❸ 아이와 함께 이야기를 하며 풀어 주세요

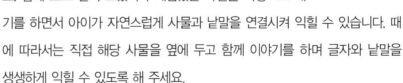

이 책에는 여러 사물이 등장합니다. 아이가 각 글자를 익히면서 연관된 사물을 보고 이야기를 만들 수 있도록 해 주세요. 함께 보고 만져 보았거나 체험했던 사실을 바탕으로 얘기를 하면서 아이가 자연스럽게 사물과 낱말을 연결시켜 익힐 수 있습니다. 때에 따라서는 직접 해당 사물을 옆에 두고 함께 이야기를 하며 글자와 낱말을 생생하게 익힐 수 있도록 해 주세요.

❹ 아이의 생각을 존중해 주세요

아이가 한글 쓰기를 하면서 가끔은 전혀 예상하지 못했던 생각을 펼치거나 질문을 할 수도 있습니다. 그럴 때는 아이가 왜 그렇게 생각하는지 그 이유를 차근차근 물어보면서 아이의 생각이 맞다고 인정해 주세요. 부모님이 아이를 믿고 기다려 주는 만큼 아이의 생각과 창의력은 성큼 자랍니다.

이 책의
활용법!

❶ 정답은 여러 가지일 수 있습니다

미로 찾기 정답은 꼭 하나만 있는 것은 아닙니다. 아이가 다른 답을 찾았을 경우에도 아낌없이 칭찬해 주세요. 아이가 다양하게 생각하면서 응용력을 기를 수 있습니다.

❷ 아이의 생각을 존중해 주세요

아이가 문제를 풀면서 가끔 전혀 예상하지 못했던 주장이나 생각을 펼칠 수도 있습니다. 그럴 때는 왜 그렇게 생각하는지 그 이유를 차근차근 물어보면서 아이의 생각이 맞다고 인정해 주세요. 부모님이 믿고 기다려주는 만큼 아이의 논리력은 사고력과 함께 성큼 자랍니다.

❸ 아이와 함께 이야기를 하며 풀어 주세요

이 책에는 수많은 캐릭터들이 등장합니다. 아이들 스스로 캐릭터의 주인공이 되어 이야기를 만들면서 문제를 풀 수 있도록 부모님께서도 거들어 주세요. 아이가 미로 찾기에 흠뻑 빠져 놀다 보면 집중력과 상상력을 키울 수 있습니다.

❹ 의성어와 의태어를 이용하면 더 재미있습니다

영차영차, 뒤뚱뒤뚱, 팔락팔락, 부릉부릉, 폴짝폴짝 등과 같은 의성어나 의태어를 이용하면서 문제를 풀 수 있도록 해 주세요. 문제에 나오는 다양한 사물들의 특징을 보다 쉽게 이해하면서 언어 능력도 키울 수 있습니다.

참 잘했어요

창의력이 톡톡!

창의력이 성큼 자란 것을 축하하며
이 상장을 드립니다.

이름 ------------------------------

날짜 ------------ 년 ------ 월 ------ 일

아이가 책을 마치면, 칭찬과 함께 수여해 주세요.

미로 찾기

나비가 팔랑팔랑 날아요

꽃밭에 나비가 있어요.
출발 지점에서 도착 지점까지 갈 수 있도록 길을 찾아주세요.

물고기가 살랑살랑 헤엄쳐요

물고기가 수영해요.
출발 지점에서 도착 지점까지 갈 수 있도록 길을 찾아주세요.

부엉부엉 부엉이예요

부엉이가 나무에 앉아 있어요.
출발 지점에서 도착 지점까지 갈 수 있도록 길을 찾아주세요.

달팽이가 엉금엉금 기어가요

달팽이가 언덕에 앉아 있어요.
출발 지점에서 도착 지점까지 갈 수 있도록 길을 찾아주세요.

침대로 가요

무당벌레가 침대로 가려고 해요.
길을 찾아주세요.

굴뚝을 통과해요

산타 할아버지가 굴뚝을 통과하려고 해요.
선물을 전달할 수 있도록 길을 찾아주세요.

공주님이 성으로 가요

공주님이 성으로 가려고 해요.
성으로 갈 수 있도록 길을 찾아주세요.

왕자님이 성으로 가요

왕자님이 성으로 가려고 해요.
성으로 갈 수 있도록 길을 찾아주세요.

코코넛을 따요

원숭이가 야자수에 오르려고 해요.
코코넛을 딸 수 있도록 길을 찾아주세요.

용을 무찔러요

성 앞에 있는 용을 무찔러야 해요.
왕자님이 성으로 갈 수 있도록 길을 찾아주세요.

가족에게 가요

수탉이 가족이 있는 곳으로 가려고 해요.
길을 찾아주세요.

행복한 두더지

두더지가 집으로 가려고 해요.
빨리 갈 수 있도록 길을 찾아주세요.

열기구를 타요

친구들이 열기구를 타고 가 언덕에 내리려고 해요.
안전하게 내릴 수 있도록 길을 찾아주세요.

출발 →

→ 도착

항구에 들어가요

배가 항구에 들어가려고 해요.
안전하게 들어갈 수 있도록 길을 찾아주세요.

도착

출발

어느 길로 가야 할까요?

빨간색 자동차가 성으로 가려고 해요.
무사히 성으로 갈 수 있도록 길을 찾아주세요.

도착

출발

물놀이를 해요

친구들이 물놀이 기구를 타려고 해요.
세 사람 중 누가 도착 지점으로 나올 수 있을까요?

보물을 찾으러 가요

애꾸눈 선장이 보물을 찾으러 가려고 해요.
보물이 있는 곳으로 갈 수 있도록 길을 찾아주세요.

새끼 오리가 없어요

새끼 오리 한 마리가 길을 잃었어요.
새끼 오리가 가족에게 갈 수 있도록 길을 찾아주세요.

인어공주가 길을 잃었어요

인어공주가 친구들에게 가려고 해요.
친구들과 만날 수 있도록 길을 찾아주세요.

택시를 기다려요

이모와 삼촌이 택시를 기다려요.
택시가 빨리 도착할 수 있도록 길을 찾아주세요.

아이스크림 가게

은수가 아이스크림을 떨어뜨리고 울고 있어요.
은수가 아이스크림을 다시 살 수 있도록 길을 찾아주세요.

출발

도착

Ice Cream

집으로 가는 길

집으로 가는 길이 너무 복잡해요.
빨리 갈 수 있도록 길을 찾아주세요.

도착

출발

지렁이를 잡아요

두더지가 땅속에 숨어 있는 지렁이를 잡으려고 해요.
지렁이를 잡을 수 있도록 길을 찾아주세요.

바닷속 탐험

민주는 가라앉은 배를 탐험하려고 해요.
배를 탐험할 수 있도록 길을 찾아주세요.

출발

도착

토끼와 달걀

토끼가 달걀을 들고 친구들에게 가고 있어요.
빨리 갈 수 있도록 길을 찾아주세요.

유령놀이를 해요

친구들이 유령놀이를 해요.
두 유령이 만날 수 있도록 길을 찾아주세요.

개구리 짝 찾기

개구리가 친구에게 가려고 해요.
친구에게 꽃을 줄 수 있도록 길을 찾아주세요.

출발

도착

지구로 가는 길

우주선이 지구로 가려고 해요.
빠른 길을 찾아주세요.

비행기를 타요

새끼 코끼리가 엄마 코끼리에게 가려고 해요.
어느 비행기를 타야 할까요?

유령의 집

아이들이 유령의 집에 있어요.
무사히 나올 수 있도록 길을 찾아주세요.

겨울잠을 자요

곰 가족이 집으로 가려고 해요.
겨울잠을 잘 수 있도록 길을 찾아주세요.

배가 고파요

어미 새가 벌레를 물고 새끼에게 가려고 해요.
새끼들이 벌레를 먹을 수 있도록 길을 찾아주세요.

배가 고파요

배고픈 강아지가 집으로 가려고 해요.
빨리 밥을 먹을 수 있도록 길을 찾아주세요.

해적선을 타요

애꾸눈 선장이 해적선을 타려고 해요.
보물을 싣고 떠날 수 있도록 길을 찾아주세요.

잠수함을 타요

친구들이 잠수함을 타려고 해요.
잠수함까지 가는 길을 찾아주세요.

출발

도착

분리배출

친구와 함께 쓰레기를 버리러 가려고 해요.
분리배출을 할 수 있도록 길을 찾아주세요.

해변으로 가요

친구와 함께 해변으로 가려고 해요.
길을 찾아주세요.

외갓집에 가요

친구와 함께 외갓집에 가려고 해요.
길을 찾아주세요(올라갔다가 다시 내려올 수 있어요).

썰매가 쌩쌩

친구와 함께 썰매를 타고 눈사람을 만들러 가요.
안전하게 갈 수 있도록 길을 찾아주세요.

출발

도착

비행접시

비행접시가 지구에 착륙하려고 해요.
무사히 착륙할 수 있도록 길을 찾아주세요.

늑대가 쫓아와요

병아리들이 늑대에게 쫓기고 있어요.
엄마 품으로 안전하게 갈 수 있도록 길을 찾아주세요.

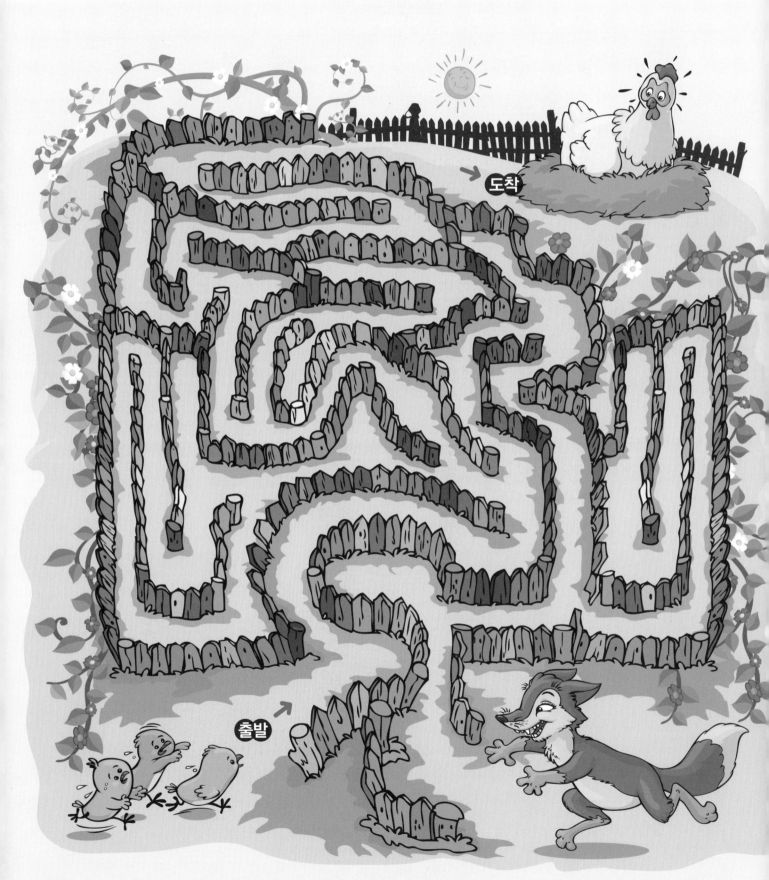

아기 염소를 구해요

아기 염소가 위험해요.
엄마 품으로 안전하게 갈 수 있도록 길을 찾아주세요.

공주님에게 가요

이웃나라 왕자님이 공주님에게 가려고 해요.
성문에 도착할 수 있도록 길을 찾아주세요.

출발

도착

도둑을 잡아요

경찰이 그림을 훔쳐간 도둑을 쫓고 있어요.
빨리 잡을 수 있도록 길을 찾아주세요.

출발

도착

새끼 벌들이 배고파해요

꿀을 모은 일벌들이 새끼 벌들에게 가려고 해요.
가장 빨리 갈 수 있는 길을 찾아주세요.

수영하러 가요

민지가 수영하러 가려고 해요.
빨리 물속으로 갈 수 있도록 길을 찾아주세요.

배가 고파요

배고픈 두더지가 지렁이 냄새를 맡았어요.
두더지가 지렁이를 먹을 수 있도록 길을 찾아주세요.

집 찾기가 어려워요

숲속에 있는 집에 물건을 배달하려고 해요.
아저씨가 빨리 배달할 수 있도록 길을 찾아주세요.

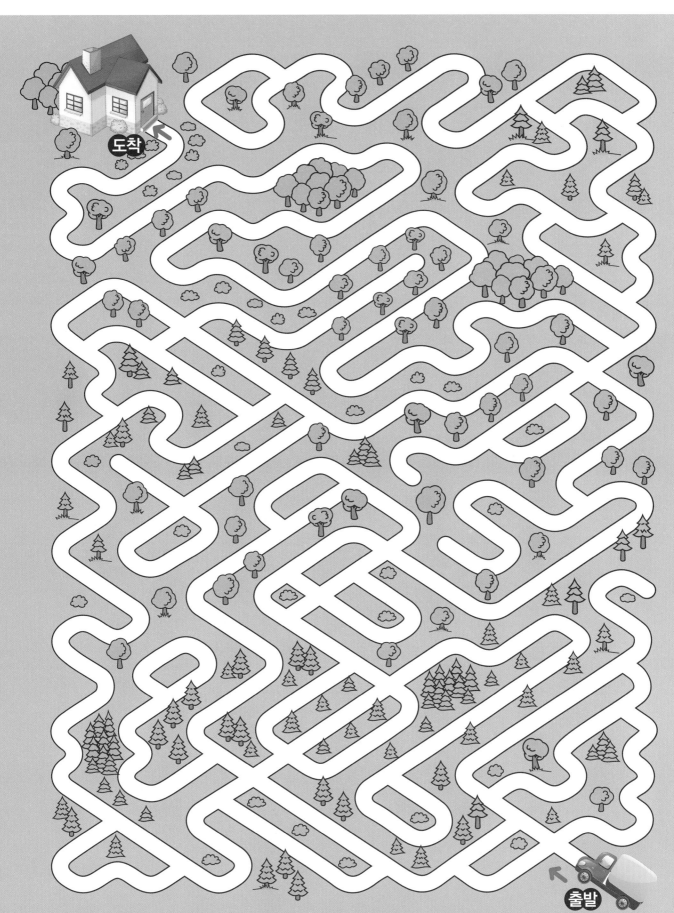

도착

출발

눈사람을 만들어요

눈사람 가족이에요.
화살표 방향으로 길을 찾아주세요.

출발 →

도착

친구를 만나요

눈사람이 트리에 있는 길을 따라가 친구를 만나려고 해요.
해가 뜨기 전에 만날 수 있도록 길을 찾아주세요.

출발

도착

우주선을 타요

우주인이 우주선에 타려고 해요.
가장 빠른 길을 찾아주세요.

우주정거장에 찾아가요

우주선이 우주정거장에 가려고 해요.
빨리 갈 수 있도록 길을 찾아주세요.

쥐들이 배고파해요

쥐들이 치즈 냄새가 나는 곳으로 가려고 해요.
맛있는 치즈를 먹을 수 있도록 길을 찾아주세요.

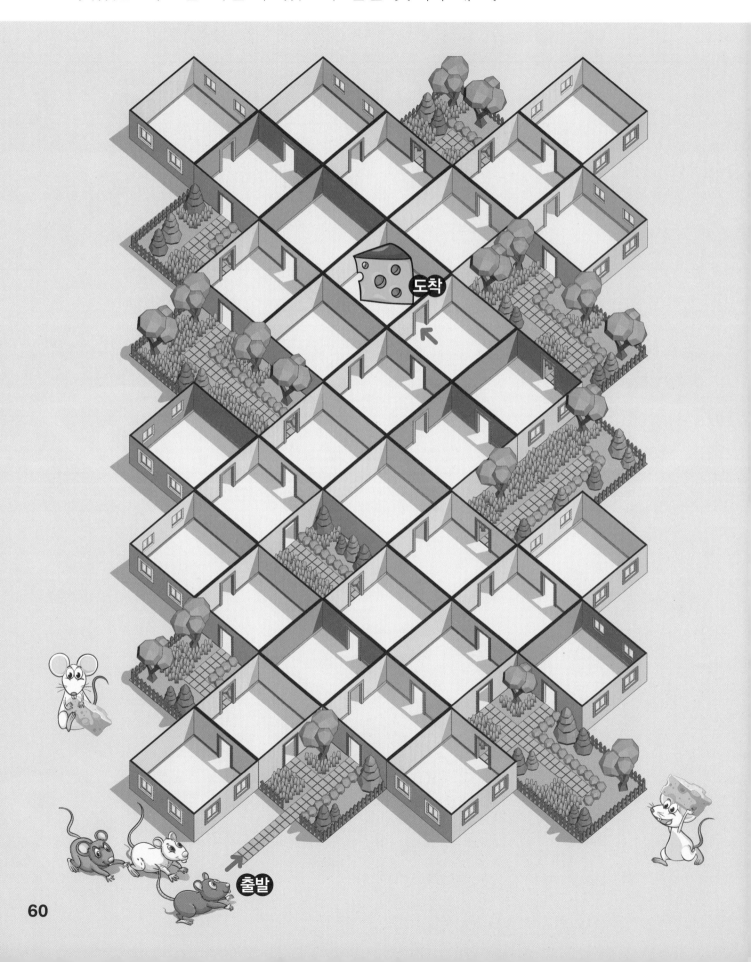

광부들이 보석을 캐요

광부들이 광산에서 보석을 캐요.
일을 끝내고 바깥으로 나올 수 있도록 길을 찾아주세요.

로봇들이 시합해요

장애물 통과 로봇 대회가 열리고 있어요.
로봇이 빨리 통과할 수 있도록 길을 찾아주세요.

민수네 아파트

민수네 아파트는 복잡한 미로 모양이에요.
민수가 방으로 갈 수 있도록 길을 찾아주세요.

미로를 탈출해요

친구들이 블럭으로 미로를 만들었어요.
자동차가 미로를 빠져나올 수 있도록 길을 찾아주세요.

항구를 나와요

짐을 가득 싣고 항구를 빠져나오려고 해요.
트럭이 잘 나올 수 있도록 길을 찾아주세요.

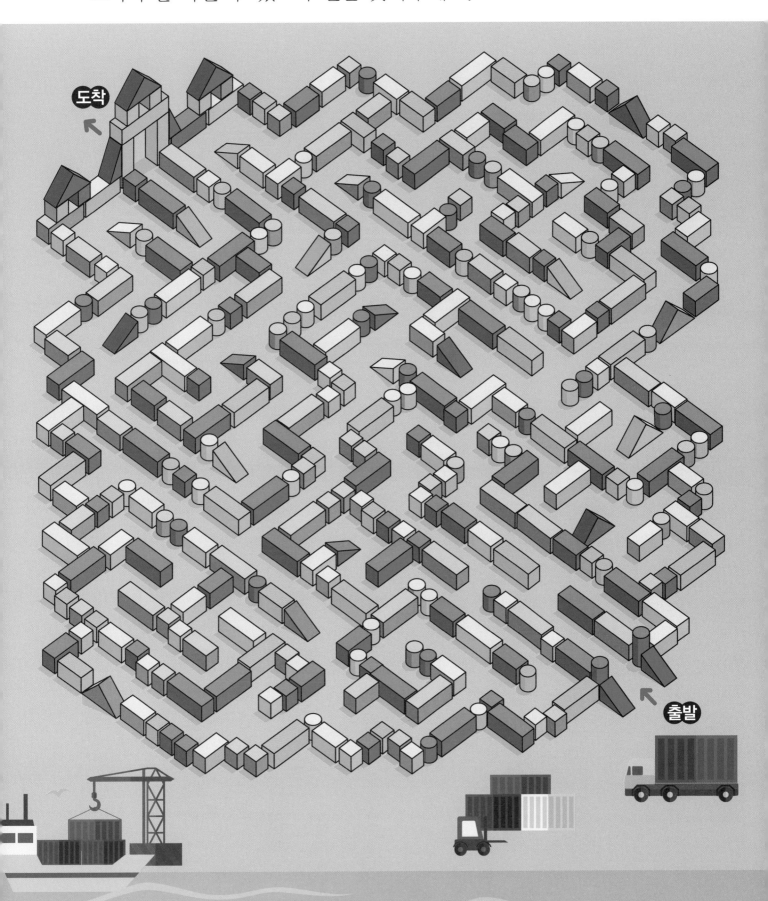

양치기 개

흩어져 있는 양을 한곳으로 모으려고 해요.
양치기 개가 양들에게 갈 수 있도록 길을 찾아주세요.

출발

도착

비가 와요

우산을 쓴 민지가 친구들에게 가려고 해요.
어떻게 가면 되는지 길을 찾아주세요.

꿀을 모아요

꿀을 가득 담아 벌통에 들어가려고 해요.
길을 찾아주세요.

공룡이 무서워요

공룡이 무서운 표정을 하고 있어요.
출발 지점에서 도착 지점까지 갈 수 있도록 길을 찾아주세요.

엄마 아빠에게 가요

새끼 사자들이 길을 잃었어요.
부모 사자에게 찾아갈 수 있는 새끼는 누구인가요?

엄마를 찾아요

아기 양이 엄마를 찾아가려고 해요.
엄마에게 갈 수 있도록 길을 찾아주세요.

꿀을 모아요

꿀을 가득 담아 집으로 가려고 해요.
어느 길로 가야 집으로 갈 수 있을까요?

큰 바다로 가요

관광객을 태운 배가 큰 바다로 나가려고 해요.
길을 찾아주세요.

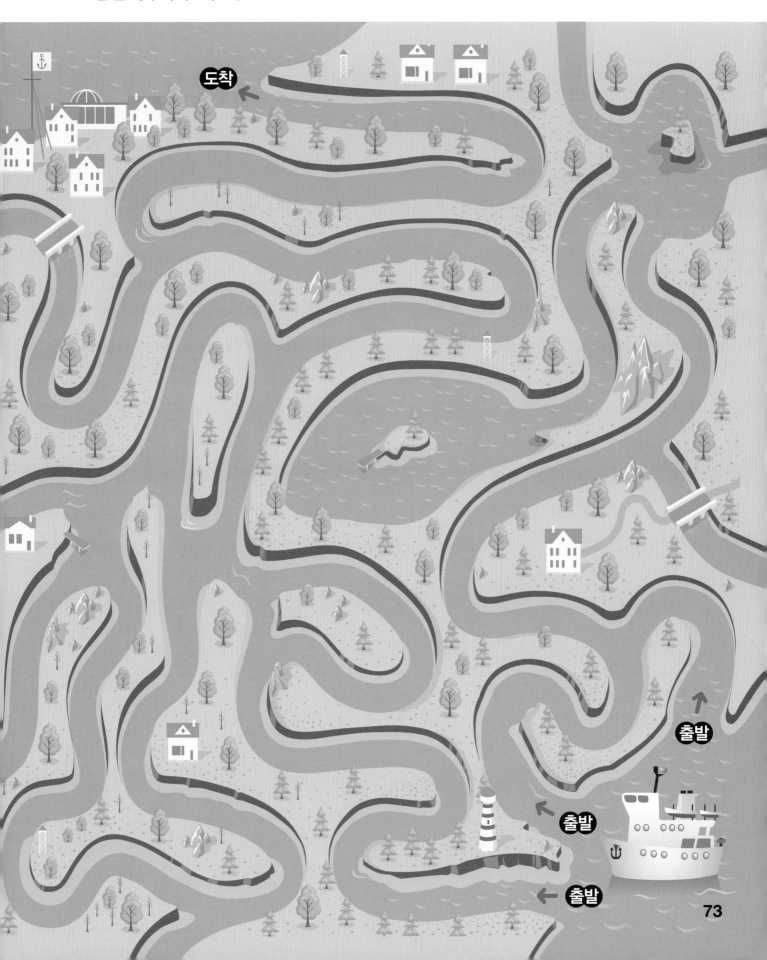

보물을 찾아요

해적선이 보물이 있는 곳으로 가려고 해요.
길을 찾아주세요.

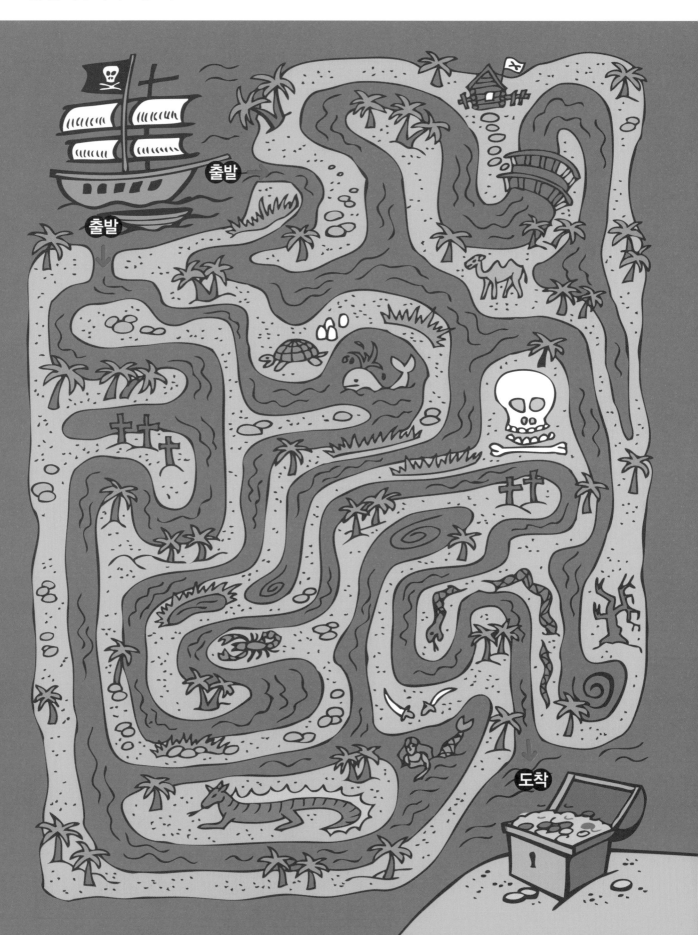

거북들의 경주

네 마리의 거북이 경주를 해요.
친구들이 있는 곳에 도착할 수 있는 거북은 누구인가요?

거미줄 탈출

나비가 거미줄을 탈출하려고 해요.
거미를 피해 탈출할 수 있도록 길을 찾아주세요.

치즈가 먹고 싶어요

쥐돌이가 치즈가 있는 곳으로 가려고 해요.
고양이를 피해 갈 수 있도록 길을 찾아주세요.

꽃다발을 주세요

재원이가 은영이에게 꽃다발을 주려고 해요.
어떻게 가서 꽃다발을 줘야 하는지 길을 찾아주세요.

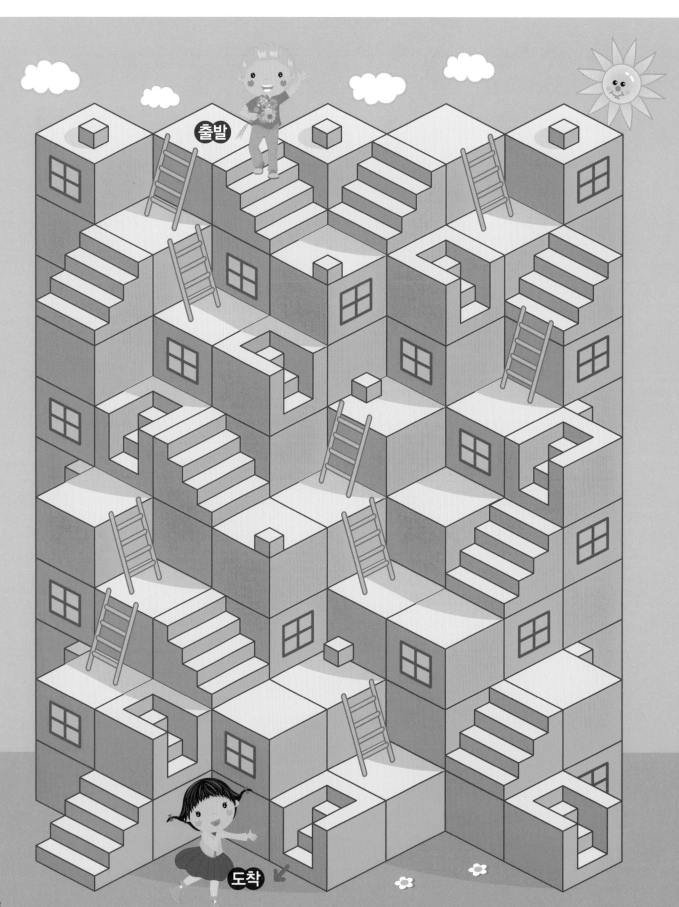

새끼 거북에게 가요

거북 네 마리가 새끼 거북이 있는 곳으로 가려고 해요.
어느 거북이 새끼 거북에게 갈 수 있을까요?

물고기를 잡아요

고양이들이 낚시를 해요.
어느 고양이가 물고기를 잡았을까요?

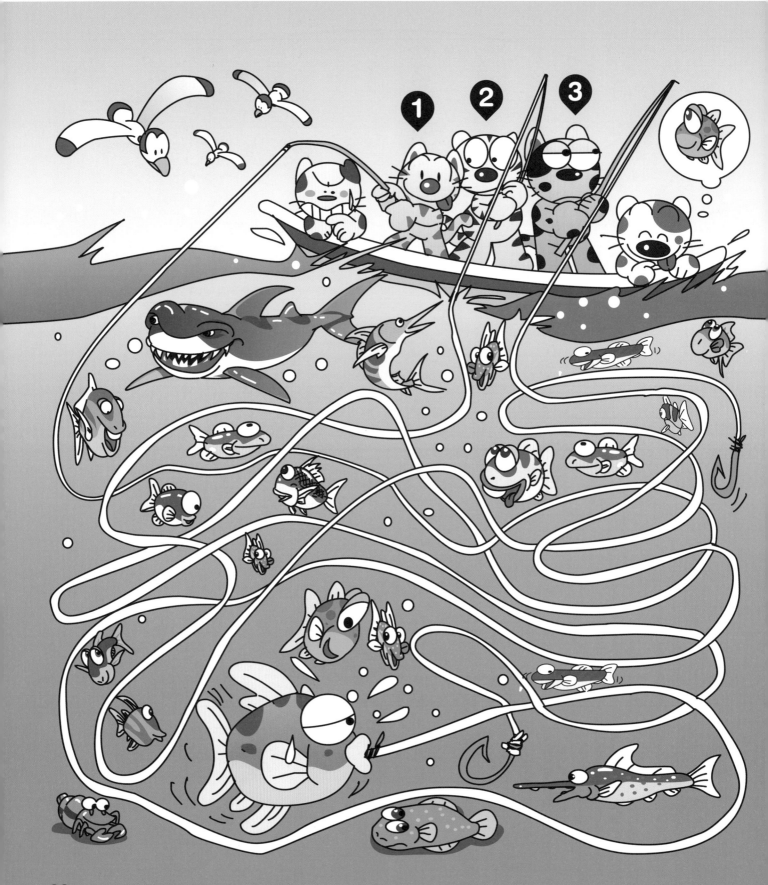

집으로 돌아가요

친구들이 눈싸움을 하고 있어요.
눈싸움이 끝나고 집으로 가려면 어느 길로 가야 할까요?

니모를 찾아서

아들 니모를 찾아 아빠 니모가 집을 나섰어요.
아들 니모를 빨리 만날 수 있도록 길을 찾아주세요.

놀이공원에 가요

관광버스가 놀이공원에 가려고 해요.
몇 번 정류장에서 출발한 버스가 놀이공원에 도착할 수 있나요?

엄마 닭이 불러요

병아리들이 엄마 닭이 부르는 곳으로 가려고 해요.
어느 병아리가 엄마 닭에게 갈 수 있나요?

늑대가 나타났어요

빨강 모자를 쓴 소녀 앞에 늑대가 나타났어요.
사냥꾼 아저씨는 어느 길로 가야 늑대를 잡을 수 있을까요?

거미줄에 걸렸어요

잠자리가 거미줄에 걸렸어요.
거미가 물방울을 피해 잠자리에게 갈 수 있도록 길을 찾아주세요.

출발

도착

집으로 가는 길

유정이가 탄 자동차가 집으로 가려고 해요.
가장 빨리 갈 수 있는 길을 찾아주세요.

바구니를 올려요

원숭이들이 사과 바구니를 올리고 있어요.
세 마리 중에서 누가 끌어올릴 수 있을까요?

공주님을 만나요

왕자님이 공주님을 만나려고 해요.
세 개의 계단 중 어디로 올라가야 공주님을 만날 수 있을까요?

트리를 장식해요

산타할아버지가 모든 굴뚝에 선물을 넣고
트리가 있는 곳으로 가려고 해요. 길을 찾아주세요.

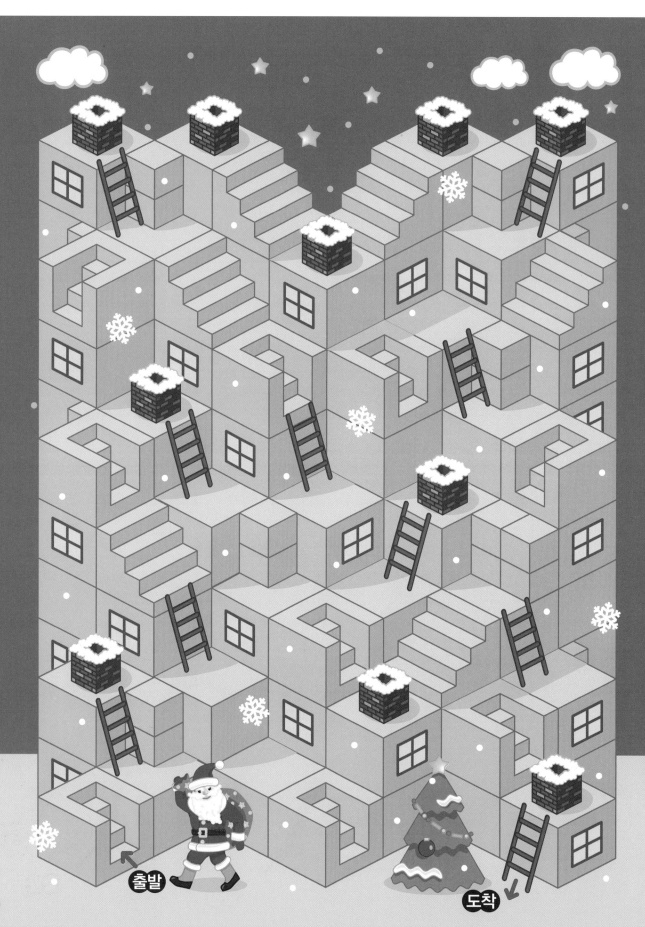

출발

도착

불꽃놀이를 해요

멋진 불꽃놀이를 위해 스위치를 눌러요.
세 사람 중에서 폭죽을 터트린 사람은 누구일까요?

세계 여행

선호네 가족이 유럽을 여행하고 있어요.
어느 곳으로 가야 하는지 길을 찾아주세요.

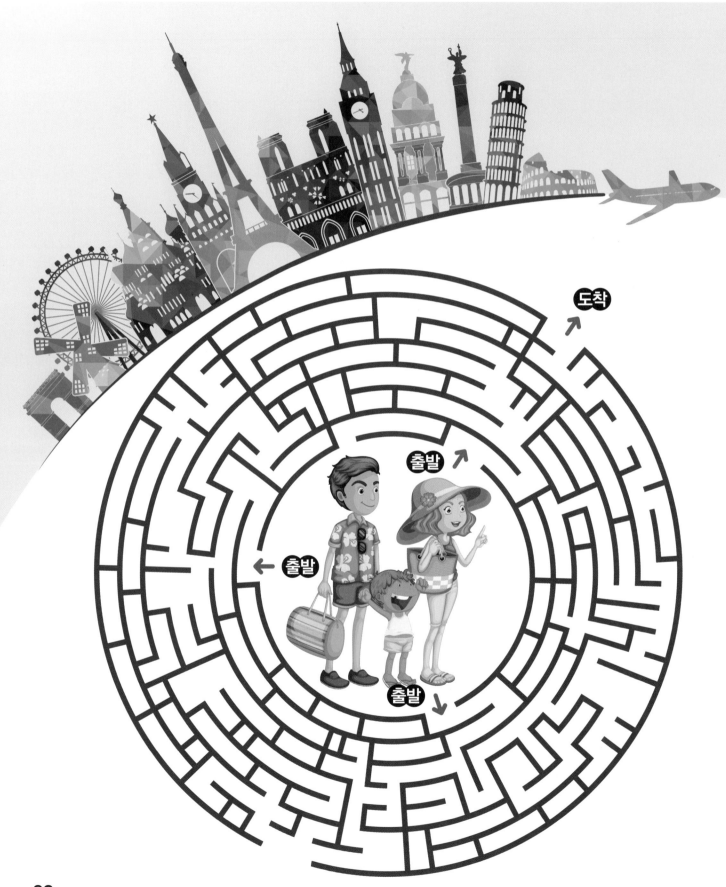

러시아 여행

비행기가 러시아로 가려고 해요.
멋진 여행을 할 수 있도록 길을 찾아주세요.

출발

도착

아이스크림을 먹고 싶어요

개구리가 다이빙을 해요.
아이스크림을 먹을 수 있게 길을 알려주세요.

미로를 탈출해요

눈사람이 미로를 탈출하려고 해요.
탈출할 수 있도록 길을 찾아주세요.

미로 찾기
정답

8쪽

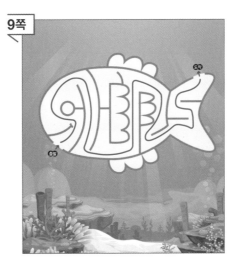

9쪽

10쪽

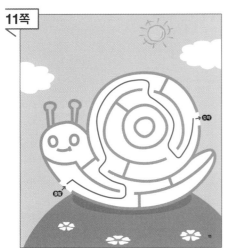

11쪽

12쪽

13쪽

14쪽

15쪽

16쪽

17쪽

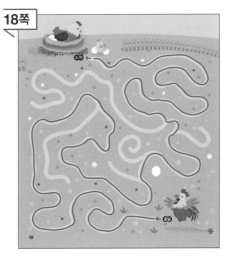

18쪽

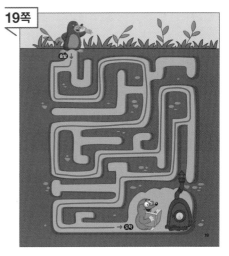

19쪽

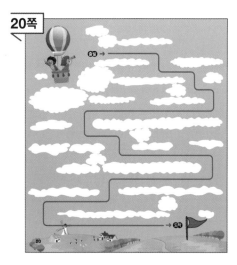

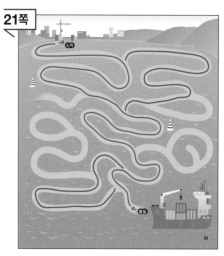

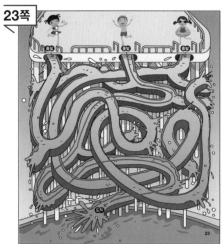

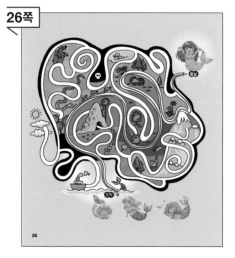

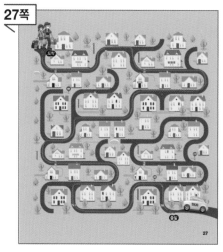

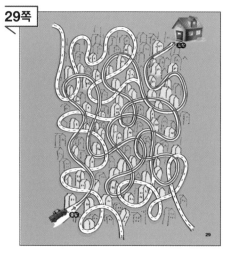

답은 여러 가지입니다.

답은 여러 가지입니다.

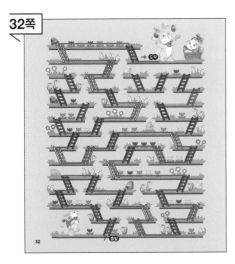

32쪽

33쪽

34쪽

답은 여러 가지입니다.

35쪽

답은 여러 가지입니다.

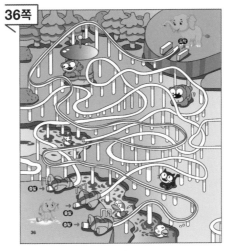

36쪽

37쪽

38쪽

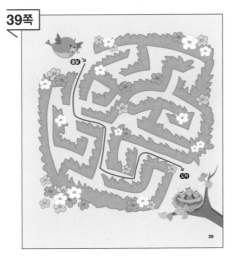

39쪽

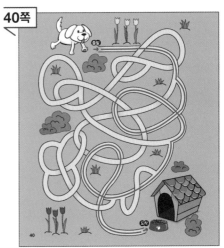

40쪽

41쪽

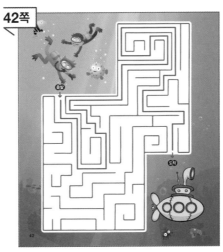

42쪽

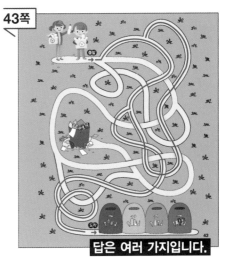

43쪽

답은 여러 가지입니다.

44쪽

45쪽

46쪽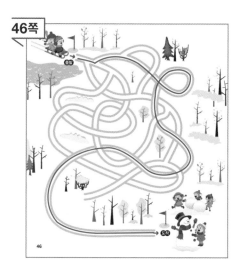

47쪽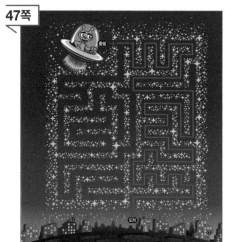

48쪽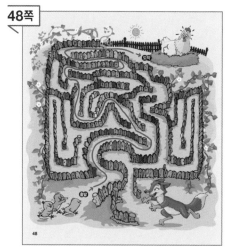

49쪽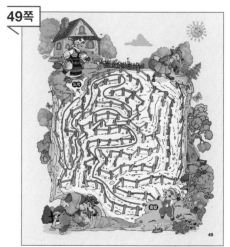

50쪽

51쪽

52쪽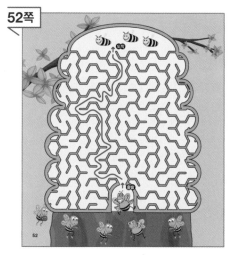

53쪽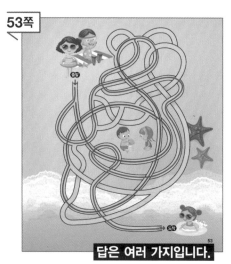

답은 여러 가지입니다.

54쪽

55쪽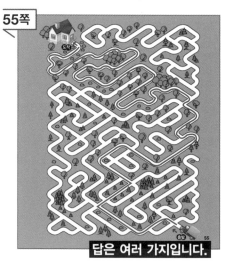

답은 여러 가지입니다.

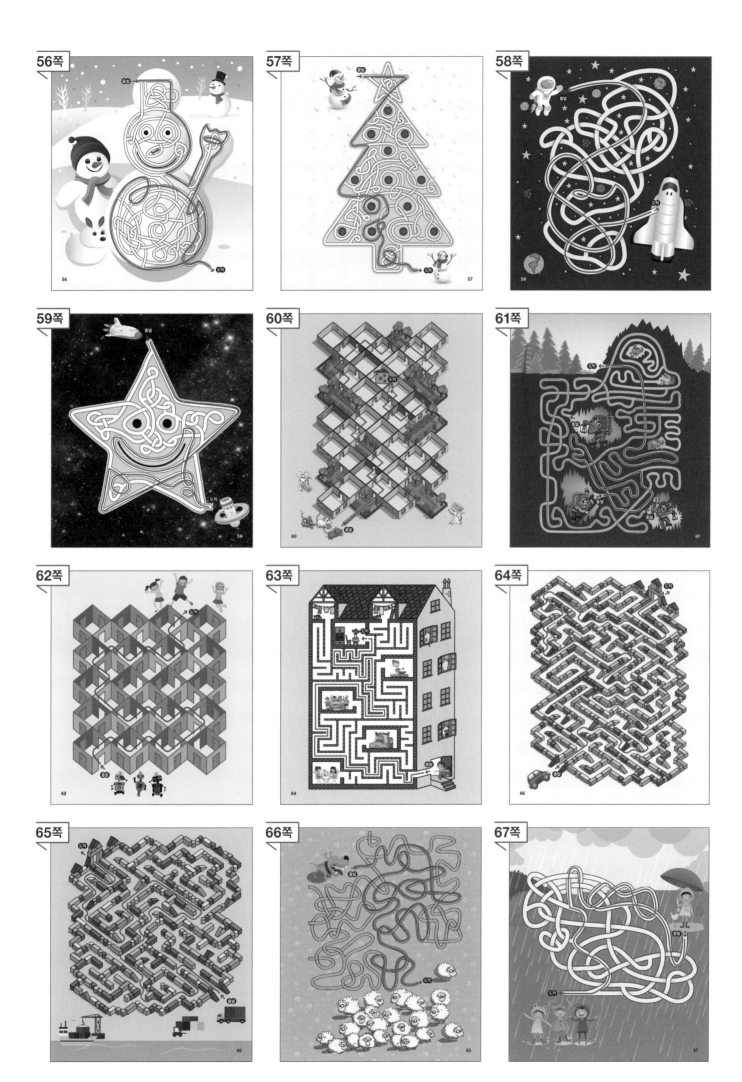

68쪽

69쪽

70쪽

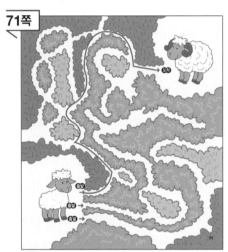

71쪽

72쪽

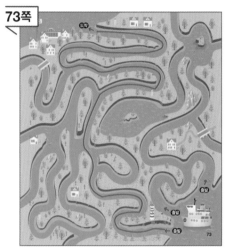

73쪽

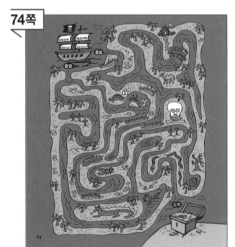

74쪽

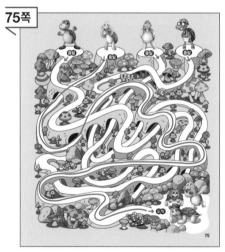

75쪽

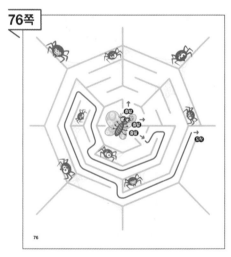

76쪽

77쪽

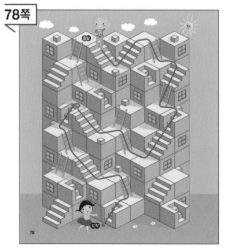

78쪽

79쪽

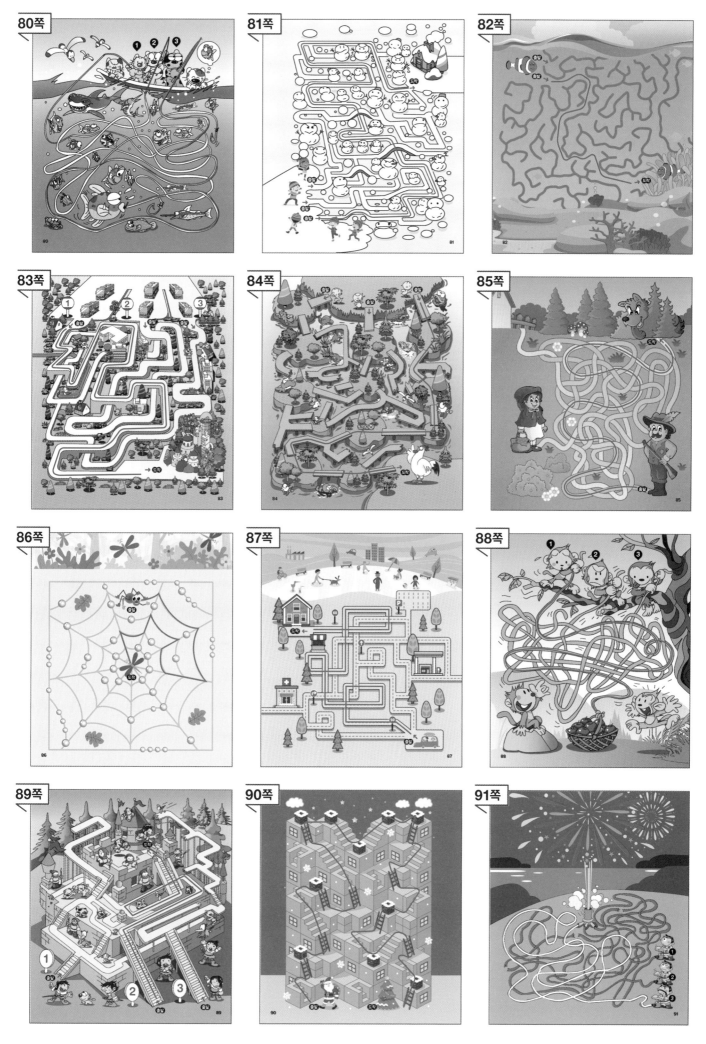

92쪽
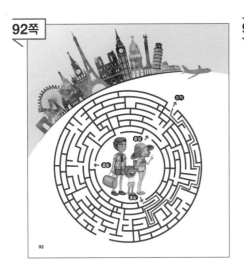

93쪽
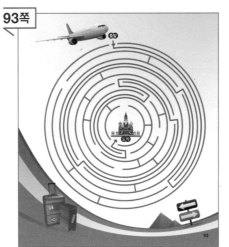

94쪽
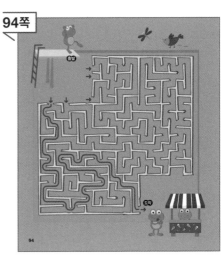

95쪽
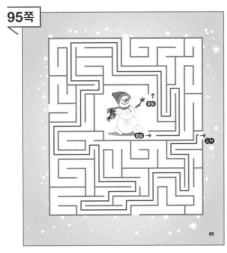